manière sûre la marche de diverses opérations de la nature.

Est-ce impossibilité d'obtenir une réussite complette dans cet art ? Est-ce à cause du peu de bénéfice qu'on pourrait retirer de cette opération ? Ou est-ce faute de connaissances suffisantes des procédés de la nature , que toutes les tentatives faites jusqu'à présent en Europe ont été infructueuses ?

Je vais entrer dans le développement de ces diverses considérations.

On sait que, de temps immémorial, les Égyptiens se sont occupés avec fruit de cet art ; ils sont venus à bout de se construire, en terre, des fours appelés Mamals ; et, à force de patience, d'industrie et de travail, ils sont parvenus à maintenir dans ces fours le dégré de chaleur convenable au développement du germe de l'œuf ; ils ont aussi trouvé, par une longue suite d'expériences, des procédés certains pour amener au moyen de cette chaleur graduée, constante et égale à celle de la poule couveuse, l'embryon à l'état de poulet, et au point d'être capable de briser sa coquille pour en sortir.

A l'exemple des Égyptiens , il s'est fait en Europe , depuis nombre d'années, plusieurs tentatives à ce sujet par divers souverains , par des princes, par de riches particuliers, par des amateurs, et même par de célèbres physiciens, qui ont eu une sorte de succès, mais insuffisante sans doute, puisqu'on n'y a pas donné de suite : cependant il n'en est pas moins vrai que cet art est possible, d'après le succès des Égyptiens, d'après les succès momentanés qu'on en a obtenus à diverses fois, et d'après un axiôme certain en physique, que, quand on a une fois réussi dans une opération quelconque, en suivant les mêmes procédés et en réunissant les mêmes circonstances, on doit toujours réussir.

On peut donc répondre affirmativement à la première question, qu'en suivant strictement les mêmes procédés que nous indique la poule, on réussira toujours complètement : partie de ces procédés seront indiqués dans la réponse à la troisième question.

Quant à la seconde question, est-ce le peu de bénéfice qu'on pourrait en retirer qui a fait abandonner cet art ? Pour y répondre victorieusement, je renvoie ceux qui voudraient s'en assurer à la lecture du traité de M. de Réaumur sur l'art de faire éclore et d'élever, en toutes saisons, des oiseaux domestiques de toutes espèces, et encore mieux à l'ornithotrophie artificielle de M. l'abbé C.; ils y trou-

OBSERVATIONS

SUR L'ART DE FAIRE ÉCLORE

ET D'ÉLEVER LA VOLAILLE

SANS LE SECOURS DES POULES

OU

EXAMEN des causes qui ont pu empêcher de donner suite aux diverses tentatives qui ont été faites en Europe, pour imiter les Égyptiens dans l'art de faire éclore et d'élever les oiseaux domestiques de toutes espèces, par le moyen d'une chaleur artificielle; suivi des procédés qu'il faudrait employer pour amener cet art à sa perfection.

PAR M. BONNEMAIN,

Physicien, auteur de plusieurs inventions et découvertes, Membre de l'Athénée des Arts, et autres Sociétés d'Arts et Métiers.

Prix : 1 franc.

A PARIS,

Chez
- l'Auteur, rue Saint-Honoré, n° 372;
- CHEVALLIER, Ingénieur-Opticien de S. A. R. Monsieur, vis-à-vis le Marché aux Fleurs;
- DURAND, Architecte des jardins, Directeur des modèles et curiosités de Mgr le duc de Berri, rue de Bussi, n° 19, et rue Jarente, derrière le marché Sainte-Catherine, au Marais, n° 6;
- CHAIGNIEAU jeune, Imprimeur-Libraire, rue Saint-André-des-Arcs, n° 42;
- MARTINET, Libraire, rue du Coq Saint-Honoré;
- Et tous les Marchands de Nouveautés.

1816.

OBSERVATIONS

SUR L'ART DE FAIRE ÉCLORE

ET D'ÉLEVER LA VOLAILLE

SANS LE SECOURS DES POULES,

OU

Examen des causes qui ont pu empêcher de donner suite aux diverses tentatives qui ont été faites en Europe, pour imiter les Égyptiens dans l'art de faire éclore et d'élever les oiseaux domestiques de toutes espèces, par le moyen d'une chaleur artificielle; suivi des procédés qu'il faudrait employer pour amener cet art à sa perfection.

L'art de faire éclore et d'élever la volaille, par le moyen d'une chaleur artificielle, présente des avantages si considérables, tant pour le public en général que pour les particuliers qui s'en occuperaient, qu'il doit paraître étonnant de ne voir en Europe aucun établisssement de ce genre, sur-tout dans des états où les sciences et les arts sont cultivés avec soin, où ils sont parvenus à un très-haut degré de perfection, et où l'on ne manque d'aucun des instrumens de physique nécessaires, pour suivre d'une

veront de quoi se tranquilliser sur cet article;
attendu que, si j'entreprenais de le démontrer,
il me faudrait entrer dans de très-longs détails
sur la manière économique de les faire éclore,
sur les procédés à suivre pour les élever, leur
donner la nourriture la plus économique et
la plus convenable à leur accroissement, etc. ;
ce qui formerait un traité complet de cet art,
ce qui, pour le moment, n'est pas le but que
je me propose, mais que je me réserve de publier sous peu, d'après l'accueil du public à
ce simple exposé, et suivant les conditions qui
seront indiquées dans le cours de la réponse à
la troisième question.

Il suffit donc que je fasse observer ici, comme
l'a fort bien démontré M. de Réaumur, qu'il
en coûte moins de faire éclore et d'élever artificiellement les poulets, que d'y employer des
poules ; et j'ose assurer, d'après ma propre expérience, qu'il y aurait beaucoup plus d'avantage et de facilité, dans un grand établissement de ce genre, de suivre la méthode
artificielle que la naturelle ; attendu que la
dépense journalière en combustible, et en intérêt du prix des machines, est de beaucoup
au-dessous de celles à faire, 1° pour nourrir
un nombre suffisant de poules couveuses, qui
ne produisent pas d'œufs, non-seulement tant

que dure l'incubation , mais encore durant tout le temps qu'elles conduisent leurs petits poussins ; 2° pour entretenir un assez grand nombre de poules, pour y trouver suffisamment des couveuses dans les temps utiles. J'ajouterai qu'il serait presque impossible d'en réunir assez pour élever le nombre de poulets qu'on pourrait obtenir artificiellement dans un établissement très-médiocre : au lieu que, par la méthode artificielle, on pourrait donner toute l'étendue qu'on voudrait à un établissement en grand; on pourrait y faire éclore jusqu'à mille œufs et plus par jour (1). Il y a encore un autre avantage inappréciable dans la méthode

---

(1) Il faudrait, pour un établissement où l'on se bornerait à ne faire éclore que cent poulets par jour, environ, douze poules couveuses pour cent cinquante œufs, en supposant qu'il en éclose les deux tiers ; ce serait par an environ quatre mille trois cents couveuses ; ce qui serait très-difficile, pour ne pas dire impossible, d'obtenir dans les temps utiles, même avec un nombre de poules de plus de quarante-trois mille, parce qu'en général il n'y en a pas un dixième qui demande à couver. Il y aurait tous les jours environ sept cent vingt poules couveuses qui conduiraient leurs petits poussins, ce qui exigerait un emplacement immense et des soins considérables. Ces couveuses auraient pondu plus de cent vingt-neuf mille œufs, à raison de trente œufs au moins chacune, si elles n'eussent pas conduit leurs petits.

artificielle, c'est qu'on pourrait obtenir des poulets dans toutes les saisons, et avoir de la primeur, qui est très-recherchée et se vend très-cher.

Ceci est la réponse la plus simple à faire à tous ceux qui ne cessent de dire : Pourquoi ne pas laisser agir la nature? elle fait bien tout ce qu'elle fait (1).

Certes ! comme l'observe M. de Réaumur, nous serions mal partagés en vins, en fruits, en légumes, etc., si nous nous bornions à ceux qui sont produits sans culture et sans art : la nature demande à être aidée, et ce n'est qu'à

Aussi l'idée d'un pareil établissement n'est-elle entrée dans l'imagination de qui que ce soit.

(1) On aura peine à croire qu'un pareil propos m'ait été tenu par un membre de la société royale d'agriculture, chargé de faire un rapport à ce sujet pour M. le directeur-général de l'agriculture, du commerce, etc., d'après une demande que j'avais formée dans le mois d'août 1814, pour m'aider dans la construction de deux petites machines ; une pour faire éclore artificiellement les poulets et autres oiseaux domestiques ; et l'autre pour les élever. Ce membre a conclu de sa seule autorité, sans m'avoir demandé aucun renseignement, que cet art était impraticable dans ces climats-ci, sur-tout à cause de la difficulté de conserver la vie aux poussins éclos, à raison de l'influence pernicieuse qu'exercent sur eux dans leur jeune âge les variations de l'atmosphère ; ce qui a été

force de travail , d'industrie et de patience , que nous pouvons obtenir d'elle ses libéralités.

Les poussins élevés artificiellement coûtent beaucoup moins de nourriture ; on peut la leur donner meilleure , parce qu'on n'a pas une poule à nourrir, par dix ou douze petits poussins, et souvent que deux ou trois, qui, tout en appelant ses petits, ne laisse pas que de remplir son jabot, bien plus considérable que celui des petits poussins pendant les six premières semaine. temps pendant lequel, suivant la méthode naturelle, les mères couveuses leur sont d'une nécessité absolue.

Si l'on considère en outre les bénéfices con-

---

cause que je fus débouté de ma demande sans avoir été entendu. Si ce membre eût daigné m'entendre avant de faire son rapport, je lui aurais prouvé qu'il était bien plus aisé d'élever les petits poussins, par le moyen de ma méthode, qu'on ne le peut par la méthode naturelle ; attendu que la poule, malgré tous ses soins, ne peut les garantir, dans les mauvaises saisons, des variations de l'atmosphère. Et c'est pour cela que l'on refuse des œufs aux poules qui en demandent passé le mois de septembre. Ainsi ce membre, ayant fait son rapport sans m'entendre sur mes moyens, a fait comme un aveugle qui ferait son rapport sur les couleurs, et a privé par-là le public de la jouissance des connaissances-pratiques que je n'ai acquises qu'avec beaucoup de peines, de soins, de travaux et de profondes méditations.

sidérables qui doivent résulter de la possibilité d'avoir de la volaille nouvelle dans un temps où elle est très-rare, et par conséquent très-chère, sans qu'il en coûte davantage à faire éclore et à élever ; si à ces avantages on ajoute celui d'un débit aussi prompt, aussi sûr et aussi facile que dans toute autre spéculation, on sera convaincu que ce n'est pas faute d'un bénéfice suffisant, qu'on n'a pas donné de suite aux diverses tentatives qui ont été faites en Europe à ce sujet.

Mais en supposant pour un moment, ce qui n'est pas présumable, qu'un établissement de ce genre, conduit avec soin et intelligence, ne présentât pas des produits assez importans ; au moins ne pourrait-on pas disconvenir que de tels établissemens, d'une moyenne étendue, n'eussent été très-intéressans pour des riches particuliers, amateurs d'objets naturels et d'industrie : ils y auraient trouvé des amusemens pour le moins aussi variés, aussi satisfaisans et aussi utiles sous plusieurs rapports, que ceux qu'ils trouvent dans la possession d'une serre chaude dans laquelle on entretient à grands frais des plantes exotiques, qui souvent n'ont d'intéressant que leur rareté, et dont la variété et la vivacité des couleurs de leurs fleurs, quand elles en ont, ne surpasse pas

cette belle variété de couleur brillante du plumage des oiseaux de différens genres ; d'ailleurs
les fleurs sont très-passagères, et n'offrent pas
à l'amateur philosophe plus de jouissance que
les nuances variées du plumage d'un bel oiseau,
qui sont plus durables.

L'amateur philosophe aurait bien plus de
facilité pour revoir les faits connus sur le développement du germe de l'embryon et pour en
découvrir de nouveaux (1) ; il trouverait, dans

---

(1) J'ai eu une poule qui a abandonné ses œufs dans les
premiers jours d'incubation. Je les ai mis au bout d'environ
deux jours et demi d'abandon, c'était dans l'été, au mois
de juillet, je les ai mis, dis-je, dans une machine à couver qui était ronde, et qui avait servi aux expériences
faites sous les yeux des commissaires nommés par l'académie royale des sciences pour l'examen de la sortie du
poulet de la coquille, telle que je l'avais annoncée à
ladite académie en 1777.

Les poulets de plusieurs de ces œufs, qui avaient sans
doute été trop long-temps refroidis, périrent : un d'eux
est venu à bien, et un autre est parvenu aussi à briser sa
coquille, mais il n'avait qu'une patte et qu'une aile.

Ce phénomène me frappa. Ne croyant ni aux regards
ni aux envies, je fis beaucoup de réflexions pour en
découvrir la cause. Enfin, après une multitude d'exa-
mens et de méditations plus ou moins fondées, je crus
entrevoir la cause de cet accident ; je fis en conséquence
plusieurs tentatives pour m'en assurer. Pendant long-

une petite machine à couver, le moyen de se procurer des œufs plus ou moins avancés dans l'incubation, en en mettant chaque jour un certain nombre, et pourrait suivre dans la même heure les progrès de l'incubation, et les démontrer aux assistans plus facilement qu'il ne le ferait en vingt jours, s'il n'avait que des poules couveuses.

Quelles jouissances l'amateur philosophe ne trouverait-il pas dans l'examen des différens instincts, jeux, allures et manières de se comporter des oiseaux de divers genres qu'il ferait éclore et élever! Comment son ame ne serait-

---

temps aucune ne me réussit; mais ensuite, après plusieurs essais infructueux, je parvins à faire éclore à-la-fois plusieurs poulets qui n'avaient chacun qu'une patte et qu'une aile. J'ai répété plusieurs fois cette expérience, qui me réussissait toujours, tantôt plus, tantôt moins; j'en perdais beaucoup.

Je n'annonce pas ceci comme avantageux pour ceux qui ne feraient éclore les poulets que pour en tirer un bénéfice, mais pour ceux qui seraient curieux de suivre les progrès de l'accroissement de l'embryon dans l'œuf et connaître les accidens qui peuvent lui survenir pendant le temps de son développement, selon certaines circonstances.

Heureusement cet accident ne pourrait pas arriver dans les machines dont je donnerai la description dans elle pas émue à la vue d'un spectacle aussi varié et toujours mobile ?

Ce serait peut-être encore un moyen, d'après l'opinion de M. de Réaumur, de pouvoir naturaliser en France des oiseaux rares et curieux. Rien n'empêcherait au surplus un amateur de réunir ces deux opérations dans un même établissement ; elles ont ensemble beaucoup d'analogie.

On peut juger, d'après ce simple aperçu, que la crainte d'un trop petit bénéfice n'est pas la cause de ce qu'on n'a pas donné de suite aux diverses tentatives qui ont déjà été faites en Europe pour imiter les Égyptiens dans cet art.

---

l'ouvrage que j'ai annoncé devoir publier sous peu. Leur perfection en empêcherait l'effet. Pour y réussir, il faudrait les disposer pour cela ; et même il vaudrait mieux construire une machine semblable à celle dans laquelle cet effet m'est arrivé la première fois.

Ceci pourrait jeter un grand jour sur la physique animale, et donner quelques notions sur la cause des monstruosités.

Dans l'ouvrage que je dois publier sous peu sur l'art de faire éclore et d'élever la volaille artificiellement, je ferai connaître toutes les circonstances et les causes que j'ai soupçonnées avoir occasionné cet accident. En attendant, je communiquerai à ceux que cela intéresserait les procédés et les circonstances nécessaires pour y réussir.

Nous voici arrivés à la troisième question.
Est-ce le manque de connaissances suffisantes
des procédés de la nature qui a fait abandonner les diverses tentatives qui ont été faites en
Europe pour réussir dans cet art, sur lequel
M. de Réaumur a donné des préceptes dans son
traité de l'art de faire éclore les oiseaux domestiques, ainsi que M. l'abbé C. dans son traité
de l'Ornithotrophie artificielle? Je n'hésite pas
de répondre affirmativement, et je vais le
prouver.

Je n'entrerai cependant pas ici, comme je
l'ai déjà dit, dans tous les détails de ma méthode, qui est ma propriété, le fruit de plus
de cinquante ans de travaux et de profondes
méditations; mais en attendant l'ouvrage que
je dois publier sous peu, je communiquerai les
procédés essentiels à suivre pour réussir dans
cette opération à ceux qui, d'après l'annonce
que je dois faire incessamment par affiches, feront l'acquisition des machines propres à faire
éclore et à élever la volaille, machines que j'of-
frirai de construire pour la commodité du public, d'après des principes certains de physique, et au moyen desquels on sera dispensé
des soins minutieux qu'exigeraient les procédés
imparfaits connus jusqu'à ce jour. On verra,
d'après ces affiches, un aperçu des prix de ces

différentes machines, modifiés de manière qu'ils puissent être à la portée de tous les curieux, amateurs et spéculateurs.

Néanmoins je vais m'expliquer assez clairement pour offrir la conviction de ce que j'avance ; et je ne doute pas que la théorie que je vais développer en peu de mots n'inspire à plusieurs le desir de la vérifier par l'expérience.

Il est bon que je fasse ici une observation, qui donne connaissance de ce qui retarde pendant long-temps les progrès d'une nouvelle invention ou découverte ; c'est que la plupart des hommes sont naturellement imitateurs, très-peu sont susceptibles d'avoir des idées neuves : de sorte que quand une invention ou renouvellement d'invention s'offre à l'imagination d'un homme qui s'est fait un nom, il lui est facile de donner le ton ; si malheureusement il vient à s'égarer, tout le monde le suit en foule, et s'égare avec lui ; plus le chef a de renommée, moins on est tenté de l'abandonner et de retourner en arrière. C'est précisément ce qui est arrivé à l'art dont il s'agit.

Quand je dis que les hommes sont naturellement imitateurs, je n'entends pas dire qu'ils puissent être réellement autre chose qu'imitateurs, ils ne peuvent rien créer ; mais je veux dire qu'ils se copient tous les uns les autres,

tandis qu'ils ne devraient copier que la nature,
non pas servilement d'après les apparences,
mais bien d'après son intention, d'après sa
manière d'opérer ; la méditer, la suivre autant
que possible dans ses moindres procédés.

Ce n'est qu'à force d'essais et d'expériences
souvent infructueuses, et qu'en revenant sur
ses pas, après plusieurs observations et méditations, qu'on parvient à lui arracher pour
ainsi dire son secret, c'est-à-dire à découvrir
ses moyens d'exécution ; car il n'est pas donné
à l'homme de pénétrer les mystères des causes
premières : il doit lui suffire de pouvoir l'aider
pour mener à bonne fin l'ouvrage qu'elle a une
fois ébauché et préparé, et de parer aux accidens et contrariétés qui peuvent survenir dans
le cours de l'opération. Certes, c'est un mystère
impénétrable que la chaleur provenant d'un
corps quelconque, animé ou inanimé, appliquée
à propos et d'une manière convenable à un
œuf, développe en lui cette action vitale qui
met le germe qui y est contenu en état de
devenir poulet et capable de briser sa coquille,
qui, par le simple examen de sa structure, et
dans la position où il s'y trouve, paraît devoir
être pour lui un obstacle impossible à vaincre ;
et il y a apparence que réellement il ne pourrait pas commencer à la briser sans le secours

de l'instrument (1) adapté à l'extrémité supé-
rieure de son bec, dont la nature prévoyante
l'a pourvu, instrument qui tombe de lui-même,
sans laisser aucune trace, quelques jours après
la naissance du poulet ou de tout autre oiseau.

Il serait très-difficile de connaître au juste
l'origine de cet art de faire éclore artificiellement les oiseaux domestiques, elle s'est perdue
dans la nuit des temps; mais il est probable
qu'un ou plusieurs œufs, exposés de quelque
manière qu'on voudra l'imaginer à une chaleur
douce, et à-peu-près égale à celle de la poule

---

(1) Cet instrument avait bien été remarqué par plusieurs anciens anatomistes; mais ils l'avaient tous pris
pour la première ébauche de la corne du bec, et aucun
d'eux ne s'était imaginé que c'était un instrument par le
moyen duquel l'oiseau devait parvenir à briser sa coquille. J'ai communiqué cette observation à l'académie
royale des sciences le 26 avril 1777, et le rapport en a
été fait, le 3 août 1782, par MM. Daubenton et
Desmarets, commissaires nommés par ladite académie.
Voici les conclusions de ce rapport :

« D'après ces détails, l'académie est en état de juger
« de la découverte de M. Bonnemain, concernant les
« vrais moyens qu'emploie le poulet pour briser sa co-
« quille. Nous croyons que cette observation, aussi neuve
« qu'intéressante par l'application qu'elle peut avoir,
« mérite les éloges de l'académie, et de trouver place
« dans son histoire ».

couveuse, auront donné un commencement de développement de l'embryon qu'ils contenaient : cet effet aura pu donner à un observateur un peu attentif les premières idées de cet art ; il se sera efforcé d'imiter, avec plus ou moins de succès, les procédés de la nature. Le poulet une fois éclos, il n'aura pas trouvé beaucoup de difficultés à l'élever dans un climat chaud et dans une saison favorable.

C'est là peut-être l'origine de ces fameux Mamals d'Égypte : ceux qui s'en seront les premiers occupés auront sans doute commencé par chercher le moyen de tirer parti de la fermentation du fumier, qui, au premier abord, paraît très-propre à remplir ce but ; mais par suite, après plusieurs tentatives infructueuses, ils auront abandonné ce moyen de chauffage, qui en effet ne peut réussir aisément de la manière qu'on l'a employé (1) jus-

---

(1) D'après la découverte que j'ai faite de la circulation de l'eau à l'aide d'un léger degré de chaleur, à l'instar de la circulation du sang dans le corps humain, il sera possible de se servir du fumier pour toute sorte de chauffage qui n'exigera pas plus de 30 à 40 degrés de chaleur, et qu'on pourrait porter jusqu'à 50 degrés en se servant de bon fumier neuf qu'on renouvellerait souvent, comme, par exemple, pour le chauffage de moyens appartemens, pour de petites serres chaudes, pour l'ac-

qu'à présent, pour s'en tenir, après plusieurs tâtonnemens, aux procédés qu'ils suivent maintenant; et il est à croire que ce n'est qu'après de longs et pénibles travaux, une patience à toute épreuve, et à la faveur de leur climat, que les Égyptiens sont parvenus à acquérir une routine certaine qui leur réussit, sans probablement en connaître les vrais principes. Ce qui le prouve, c'est qu'il n'y a que les habitans d'un seul village appelé Bermé, et de ses environs, qui connaissent la pratique de cet art: c'est un secret qu'ils cachent soigneusement aux étrangers, et ils ne l'apprennent qu'à leurs enfans; de sorte que ceux qui auront voulu les imiter, n'ayant pas l'expérience consommée

---

célération de la végétation pendant l'hiver, pour des verrières qui remplaceraient avantageusement les couches des jardiniers, dont la chaleur dure très-peu de temps; au lieu que, par ce moyen, on pourrait entretenir dans ces verrières une même égalité de chaleur, pendant toute une année, que l'on pourrait cependant varier à son gré. On pourrait employer ce moyen pour des machines propres à faire éclore et à élever les poulets, etc., ainsi que je me propose de l'annoncer comme il a été dit, par affiches, à ceux qui desireront économiser le combustible, et qui auront à leur disposition la quantité suffisante de fumier neuf pour suivre l'opération qu'ils desireront faire.

des Berméens, qui leur a été communiquée de père en fils, se seront égarés. Ils auront pensé, ainsi que M. de Réaumur et tous ceux qui se sont occupés de cet art, soit par écrit soit par pratique, qu'il ne fallait qu'une chaleur douce, constante et égale à celle de la poule couveuse, pour opérer le développement du germe de l'embrion dans l'œuf, et l'amener au point de pouvoir briser sa coquille.

Quand cela n'arrivait pas et qu'on trouvait le poulet tout formé, mais mort dans sa coquille sans avoir pu commencer à la bécher, on l'attribuait soit à trop ou trop peu de chaleur, soit à une trop grande sécheresse qui avait, à ce qu'on prétendait, durci la coquille, soit à des émanations trop humides ou malfaisantes qui s'étaient introduites dans l'œuf, soit à des orages, etc., accidens qui arrivent aussi aux œufs couvés par les poules, suivant qu'elles sont plus ou moins bonnes couveuses, ou que leurs nids sont placés dans des lieux plus ou moins favorables à l'incubation, et aussi suivant la saison.

Il paraît donc que la plupart de ceux qui ont travaillé sur cet objet se sont bornés à imiter servilement la nature dans ses procédés apparens, sans chercher à connaître au juste ses intentions : ils ont vu que la poule tournait ses œufs, ils ont cru qu'il était d'une nécessité absolue d'en faire autant.

Mais, pour imiter la poule, il fallait prendre langue avec elle, c'est-à-dire qu'il fallait l'observer attentivement pour savoir dans quelle intention elle tournait ses œufs, la suivre dans tous ses mouvemens et ses procédés, l'examiner constamment dans différentes saisons ; on aurait reconnu qu'elle tournait ses œufs plus souvent en hiver qu'au printemps et en automne, et plus souvent au printemps et en automne qu'en été ; qu'elle les retournait pour ramener ceux de la circonférence au centre, et ceux du centre à la circonférence.

Ce retournement d'œufs n'est pas, comme l'a avancé M. de Réaumur, pour que le suc nourricier se répartisse plus également dans toutes les parties de l'embryon, mais bien pour que tous les œufs d'une couvée éprouvent approchant la même quantité de chaleur, pour qu'ils puissent tous éclore à-peu-près le même jour.

Une réflexion bien simple à faire à ce sujet, c'est que si l'auteur de la nature eût voulu que la poule tournât ses œufs pour faciliter l'égale répartition du suc nourricier dans toutes les parties de l'embryon, certes, il aurait manqué son but, lui dont tous les ouvrages sont marqués au coin de la plus grande perfection ; car dans ce cas l'œuf n'aurait pas dû être rond ; parce qu'il peut arriver que la totalité des œufs fasse un tour entier à chaque retournement pendant toute la couvée, ce qui, d'après l'opinion ci-devant énoncée, empêcherait le suc nourricier de se répartir également dans toutes les parties de l'embryon, ce qui lui nuirait beaucoup, et cependant c'est ce qui n'arrive pas, comme l'a fort bien observé M. de Réaumur lui-même : il a eu des poulets qui sont parvenus à briser leur coquille, quoiqu'à dessein il n'ait point fait changer de position aux œufs dont ils sont éclos.

Une preuve certaine que telle n'a pas été l'intention de l'auteur de la nature, c'est qu'on prenne, de dessous une poule couveuse, un œuf qui aurait trois à quatre jours d'incubation ; sans le changer de position, qu'on le casse par-dessus avec précaution, on apercevra battre une petite goutte de sang, où est le cœur de l'embryon ; de dessous la même poule, que l'on prenne un second œuf, qu'on lui fasse faire un demi-tour, qu'on le casse par-dessus avec la même précaution que le premier, on verra de même battre la petite goutte de sang ; et de quelque façon qu'on retourne les œufs qu'on voudra casser, on apercevra toujours la goutte de sang surnager.

On voit par là, ce qui est admirable, que ; dans les premiers jours de l'incubation , l'embryon se trouve toujours dans la position la plus favorable pour recevoir de la poule couveuse la chaleur à l'endroit le plus convenable à son développement.

Cette observation indique , de la manière la plus positive , que c'est là principalement qu'on doit appliquer la chaleur pour réussir complètement , et que c'est en partie à cette observation que les Égyptiens sont probablement redevables de leurs succès.

Une autre preuve de la nécessité de donner la chaleur en-dessus, c'est qu'on prenne un œuf de dessous une poule couveuse , dans les premiers jours d'incubation , qu'on appuie le dessus de cet œuf contre le coin de l'œil, on s'apercevra du dégré de chaleur communiquée par la poule ; qu'on fasse toucher promptement au même endroit du coin de l'œil le dessous de cet œuf, on sentira qu'il est moins chaud , en telle saison que l'on fasse l'expérience : cependant en été, dans les grandes chaleurs, la différence ne sera pas si sensible, mais il y en aura toujours une ; dans une étuve au contraire toute la surface de l'œuf acquiert le même dégré de chaleur, de-là il s'ensuit une déperdition considérable de la substance de l'œuf en pure perte. J'aurais encore bien d'autres réflexions à faire, qu'il serait trop long de détailler ici, concernant la porosité de la coquille, le genre de chaleur qu'ont employé ceux qui se sont occupés de cet art, la manière d'appliquer cette chaleur aux œufs qu'on veut faire éclore, etc., que je me réserve de communiquer à ceux qui en auront besoin, et aux conditions que j'ai ci-devant énoncées, en attendant le traité que je dois publier.

En voici assez pour prouver, comme je l'ai avancé, que ceux qui se sont occupés de cet art n'avaient pas une connaissance suffisante des procédés à suivre pour y réussir complètement ; que les succès momentanés qu'ils ont obtenus n'étaient dus qu'à quelques circonstances favorables qui se rencontraient dans le cours de leurs opérations et qu'ils n'ont point connues ; qu'il n'y a eu que les Égyptiens qui aient acquis, par routine, les procédés nécessaires pour procurer aux œufs le dégré de chaleur convenable au développement du germe de l'embryon ; et, malgré les vices de leurs Mamals, ils sont parvenus à appliquer cette chaleur assez également à tous les œufs d'une même couvée, pour les faire éclore à-peu-près tous ensemble et dans le même espace de temps qu'ils auraient éclos sous des poules.

Il ne me reste plus qu'à appeler l'attention du public sur les avantages immenses qui résulteraient d'une méthode sûre de faire éclore et d'élever artificiellement les oiseaux domestiques, en toute saison, dans notre climat, et sur-tout en ce moment où la consommation de la volaille a été immense dans plusieurs départemens, par le séjour des armées des puissances alliées.

Cette manière d'opérer la multiplication de la volaille procurerait au public une abondance de comestibles aussi salubres qu'agréables.

Aux capitalistes spéculateurs, des produits très-considérables et d'un débit pour le moins aussi prompt, aussi sûr et aussi facile que dans toute autre entreprise.

Aux amateurs des sciences et arts, aux physiciens et aux naturalistes des connaissances et des amusemens utiles et agréables.

Je pense donc que, sous différens rapports, cet art mérite l'attention bienveillante du public et la protection du gouvernement, surtout à cause de l'abondance des comestibles de plus d'un genre qu'il peut procurer, et à cause qu'il pourrait réaliser le vœu du bon et grand HENRI, (de la poule au pot.)

Pour mettre le public à portée de jouir et profiter tout de suite, sans tâtonnement, recherches ni embarras des connaissances que j'ai acquises par plus de cinquante ans de travaux et profondes méditations, que j'ai pratiquées avec fruit pendant plus de quinze ans, dans un établissement aux environs de Paris, et que je n'ai abandonné, au commencement de la révolution, qu'à cause de la disette factice des grains, dans les années 1793 et 1794, et qu'à cause que la plupart de ceux à qui je fournissait habituellement de la volaille s'expatriaient ou cessaient de tenir table.

Je me propose d'annoncer sous peu par affiches, comme il a déjà été dit, une souscription pour la confection et la livraison de machines de mon invention, propres à faire éclore et à élever la volaille sans le secours des poules.

Ces machines seront de deux sortes : les premières, pour faire éclore les poulets et autres oiseaux domestiques, se nommeront *couveuses;* les secondes, pour les élever, se nommeront *poussinières.* Elles exigeront peu de soin de la part de ceux qui les gouverneront, à cause de deux de mes inventions qui sont de la plus grande utilité pour la perfection et la réussite de ces machines.

Ces deux inventions sont : 1° Le *régulateur du feu* (1), instrument par le moyen duquel on

____

(1) Par lettres patentes du 26 mars 1783, enregistrées

parvient à régler, d'une manière très-précise, l'intensité du feu sans aucun soin de surveillance, pendant un long espace de temps, comme par exemple pendant douze heures, une journée et plus si on le desire. Il suffira de mettre dans le foyer la quantité de combustible nécessaire pour alimenter le feu pendant l'espace de temps qu'on desire qu'il dure, et ce sans craindre qu'il se consomme plus dans un temps que dans l'autre, excepté quand la température de l'atmosphère varie beaucoup; car

---

au parlement le 28 juillet suivant, M. *Bonnemain* a obtenu du roi un privilége exclusif pour un instrument de son invention, nommé *regulateur du feu*, instrument qui règle avec la plus grande précis'on , sans aucun besoin de surveillance, l'intensité du feu. Cet instrument avait été précédemment soumis à l'examen des commissaires nommés par l'académie royale des sciences pour vérifier la sortie du poulet de sa coquille, fait ci-devant cité. Leurs conclusions sont ainsi conçues : « Nous nous bornons à dire « que cette manière de régler la chaleur, réunissant à la « simplicité des moyens la précision des effets, étant « d'ailleurs applicable à différens usages, et diminuant « la consommation des matières combustibles, nous paraît mériter les éloges et l'approbation de l'académie. « M. Bonnemain ne peut être trop encouragé à suivre les « applications qu'il se propose d'en faire, et qui ne « peuvent manquer d'être utiles au public. *A Paris*, ce « 14 *août* 1782. *Signé* DAUBENTON, DESMARETS ».

dès-lors la consommation sera plus grande dans
le temps qu'il fera plus froid, ce qui entretien-
dra toujours la même égalité de chaleur qu'indi-
quera l'aiguille du cadran du *régulateur du feu*.

2° *La circulation de l'eau*, à l'aide d'un léger
dégré de chaleur, à l'instar de celle du sang
dans les artères et les veines ; *circulation* au
moyen de laquelle on peut transmettre une par-
faite égalité de chaleur dans un lieu très-vaste
et très-éloigné du foyer de la combustion.

Ces deux inventions réunies sont de la plus
grande importance pour le succès d'un grand
établissement de poulets, pour le chauffage des
serres chaudes, pour de grandes salles d'hôpi-
taux, pour de grands atteliers, pour faire des
expériences sur l'accélération de la végétation
pendant l'hiver (1), pour les évaporations, di-

---

(1) L'expérience de l'accélération de la végétation pendant l'hiver a été faite au jardin du muséum d'histoire
naturelle, par ordre de S. Exc. le ministre de l'intérieur,
sous les yeux des professeurs, administrateurs de cet établissement, ainsi qu'il appert d'après le rapport sur le
nouveau moyen de chauffage de M. Bonnemain, et de
ses effets sur la végétation, fait le 24 floréal an 7, dans
l'assemblée des professeurs de cet établissement. Il est dit
dans ce rapport que des asperges plantées dans une bache
ont poussé au bout d'environ soixante-dix heures, qu'elles
ont été cueillies cinq jours après, et qu'elles avaient la

gestions, fermentations, distillations, pour la cristalisation la plus avantageuse des sels de toutes espèces, soit confuse soit régulière, etc.

---

même grosseur, la même teinte de couleur et la même saveur que celles qui croissent dans leur saison ordinaire.

Les conclusions de ce rapport sont ainsi conçues : « Nous concluons à ce que l'assemblée des professeurs du « muséum, en approuvant les inventions de M. Bonne- « main, lui en témoigne sa satisfaction ; qu'elle engage le « ministre de l'intérieur à l'indemniser des dépenses « qu'elles lui ont occasionnées, et qu'elle sollicite du « gouvernement les moyens nécessaires pour que l'auteur « suive des séries d'expériences qui peuvent jeter le plus « grand jour sur la physique végétale, sur les différens « gaz qui servent ou nuisent à la végétation, et enfin sur « les moyens de faire concourir ses inventions aux pro- « grès des sciences et des arts. *Signé* Jussieu, Des- « fontaines, A. Thouin ».

(Extrait de la Feuille du Cultivateur, n° 54, t. VIII.)

APERÇU APPROXIMATIF

Des bénéfices que peuvent produire ces couveuses, en les faisant travailler journellement toute l'année.

Je ne ferai le calcul du bénéfice qu'à commencer de celui d'une couveuse de deux cents œufs, parce que la consommation du combustible de celles au-dessous étant proportionnellement plus considérable, ce bénéfice ne serait pas assez grand pour engager à former un établissement qui en valût la peine ; ces petites couveuses ne seraient bonnes que pour des curieux, pour des amateurs, ou pour ceux qui voudraient s'assurer par eux-mêmes de la réalité de pouvoir bénéficier en suivant cette opération, encore faudrait-il qu'ils fissent l'acquisition de moyennes couveuses avec *régulateur du feu.*

Une couveuse de deux cents œufs, qui travaillerait journellement toute l'année, ferait environ dix-huit couvées. En supposant qu'il ne vienne à bien que les deux tiers des œufs qu'on lui confierait, elle donnerait le jour à deux mille trois cent soixante-seize poulets, qui se vendraient, au bout de trois mois, environ vingt-quatre sols l'un portant l'autre, en toute saison, ce qui produirait la somme de 2850 fr. ; en déduisant moitié tant pour l'intérêt du capital, que pour les frais de combustibles, nourritures et autres frais journaliers, il resterait en bénéfice net 1425 fr.

Une couveuse de cinq cents œufs, qui travaillerait journellement toute l'année, ferait environ dix-huit couvées. En supposant qu'il ne vienne à bien que les deux tiers des œufs qu'on lui confierait, elle donnerait le jour à cinq mille neuf cent soixante-seize poulets, qui se vendraient, au bout de trois mois, vingt-quatre sols l'un portant l'autre, en toute saison, ce qui produirait la somme de 7171 fr. ; en déduisant moitié tant pour l'intérêt du capital, que pour la dépense du combustible, de la nourriture et autres frais journaliers, il resterait en bénéfice net 3585 fr.

Une couveuse de mille œufs, qui travaillerait journellement toute l'année, ferait environ dix-huit couvées. En supposant qu'il ne vienne à

bien que les deux tiers des œufs qu'on lui confierait, elle donnerait le jour à onze mille neuf
cent cinquante-deux poulets, qui se vendraient,
au bout de trois mois, ving-quatre sols l'un
portant l'autre, en toute saison, ce qui produirait la somme de 14,542 fr. ; en déduisant
moitié tant pour l'intérêt du capital, que pour
la dépense du combustible, de la nourriture,
et autres frais journaliers, il resterait en bénéfice net 7171 francs.

Une couveuse de dix mille œufs, qui travaillerait journellement toute l'année, ferait
dix-huit couvées. En supposant qu'il ne vienne
à bien que les deux tiers des œufs qu'on lui
confierait, elle donnerait le jour à cent dix-
neuf mille cinq cent vingt poulets, qui se vendraient, au bout de trois mois, vingt-quatre
sols l'un portant l'autre, en toute saison, ce
qui produirait la somme de 143,420 fr. ; en
déduisant moitié tant pour l'intérêt du capital,
que pour la dépense du combustible, de la
nourriture, et autres frais journaliers, il resterait en bénéfice net 71,710 francs.

Il est aisé de voir, d'après ce simple aperçu,

quel avantage il doit résulter d'une pareille opération pour ceux qui l'entreprendraient ; et si, à ce bénéfice net, on ajoute celui qui doit résulter de l'engrais d'une partie de la volaille qu'on ferait éclore ; celui qui résulterait de la vente de celle qu'on ferait éclore dans les mois de janvier, février, mars et avril, temps où la volaille nouvelle est très-rare, qui se vend très-chère, même de l'âge au-dessous de deux mois ; celui qui résulterait de la vente des œufs qui se seraient trouvés non-fécondés, et par conséquent pour le moins aussi bons que ceux qui se vendent au marché et qui se trouvent plus altérés ; ainsi que de la vente des plumes et autres objets accessoires, etc. ; on sera convaincu qu'il y a peu d'entreprises qui puissent procurer d'aussi gros bénéfices avec aussi peu d'avances ; le tout consiste dans la possibilité de réussir. J'en ai, je crois, donné des preuves certaines ; c'est à présent au public à s'en assurer par l'expérience, soit en faisant l'acquisition de mes machines pour faire éclore les poulets, quand je l'aurai annoncé, comme il a déjà été dit, par des affiches, soit en suivant le cours que je dois également annoncer sur l'art de faire éclore et d'élever les oiseaux domestiques par le moyen d'une chaleur artificielle.

Chaque propriétaire de cet exposé aura la faculté d'entrer pour voir et s'assurer par lui-même de l'application du *regulateur du feu*, et de la circulation à différentes sortes de machines pour diverses opérations, telles que fours, fourneaux hydrauliques, marmites économiques, alambics, baignoires, etc.

FIN.

IMPRIMERIE DE CHAIGNIEAU JEUNE,
rue Saint-André-des-Arcs, n° 42.

SOUSCRIPTION

*Pour la confection et livraison des machines
dites* couveuses *et* poussinières.

Ceux qui desireront faire l'acquisition de
ces machines s'adresseront aux endroits ci-
devant indiqués : ils inscriront ou feront ins-
crire leurs noms et demeures. L'auteur s'y
transportera pour convenir de la grandeur,
de la forme et du prix de chacune d'elles.

Comme ces machines sont susceptibles de
différentes formes, on ne pent pas ici en indi-
quer le prix fixe ; mais en général les petites
coûteront à peu-près de dix francs l'œuf, et les
plus grandes à raison de trois francs l'œuf,
ainsi en proportion, selon leur contenance.

Les *poussinières* coûteront moitié moins que
les *couveuses* de chaque grandeur.

La grandeur du fourneau occasionnera encore une différence dans le prix, parce qu'un
fourneau qui contiendra assez de combustible pour alimenter le feu pendant vingt-
quatre heures, sans aucune surveillance sur le
feu, coûtera plus que celui qui ne contiendra
de combustible que pour huit à dix heures, et
ainsi à proportion.

Quand il y aura vingt souscripteurs pour l'acquisition de ces machines, il sera ouvert un

cours sur la manière de gouverner ces machines, tant pour faire éclore les poulets et autres volailles que pour les élever le plus avantageusement : les acquéreurs de ces machines pourront y assister.

S'il ne se présente pas assez d'acquéreurs, il faudra au moins vingt souscripteurs, à raison de 48 francs chaque, pour commencer ce cours, à cause des dépenses qu'il nécessitera.

Dans le courant de septembre prochain il sera fait plusieurs démonstrations sur les avantages qu'on peut retirer des deux inventions du *régulateur du feu* et de la *circulation de l'eau* ; tant pour la chimie en général que pour l'économie rurale, les usages domestiques, les usines, fabriques, manufactures, et généralement pour la perfection de tous les arts où le feu, employé pour agent, a besoin d'être tempéré, et entretenu toujours au même degré.

On ne recevra que les lettres affranchies.

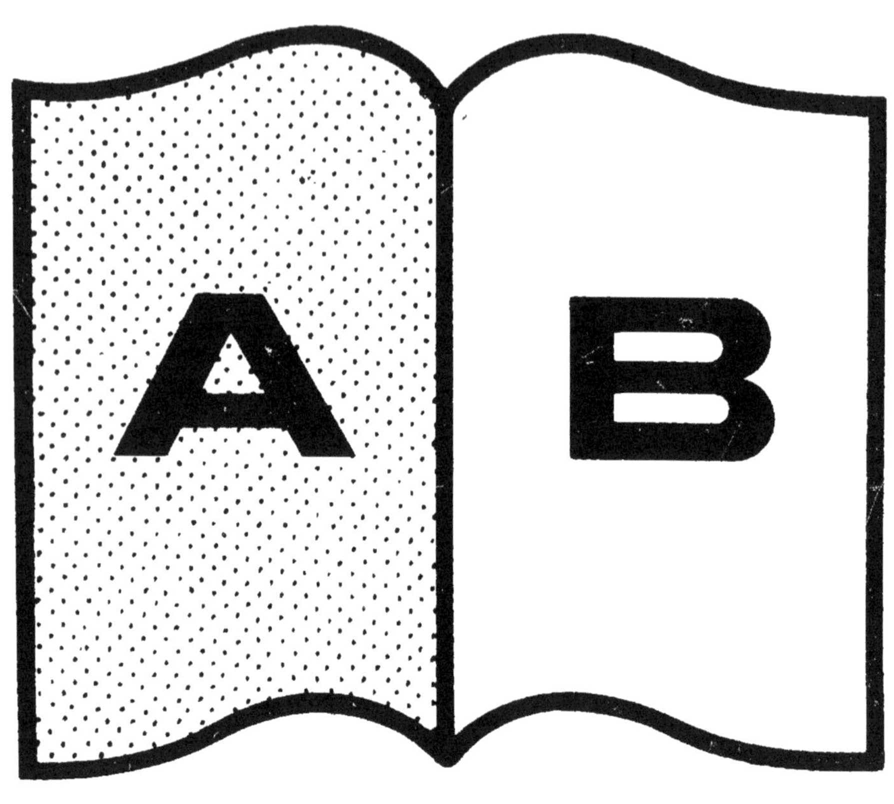

Contraste insuffisant

NF Z 43-120-14